essentials

essentials liefern aktuelles Wissen in konzentrierter Form. Die Essenz dessen, worauf es als „State-of-the-Art" in der gegenwärtigen Fachdiskussion oder in der Praxis ankommt. *essentials* informieren schnell, unkompliziert und verständlich

- als Einführung in ein aktuelles Thema aus Ihrem Fachgebiet
- als Einstieg in ein für Sie noch unbekanntes Themenfeld
- als Einblick, um zum Thema mitreden zu können

Die Bücher in elektronischer und gedruckter Form bringen das Expertenwissen von Springer-Fachautoren kompakt zur Darstellung. Sie sind besonders für die Nutzung als eBook auf Tablet-PCs, eBook-Readern und Smartphones geeignet. *essentials:* Wissensbausteine aus den Wirtschafts-, Sozial- und Geisteswissenschaften, aus Technik und Naturwissenschaften sowie aus Medizin, Psychologie und Gesundheitsberufen. Von renommierten Autoren aller Springer-Verlagsmarken.

Weitere Bände in der Reihe http://www.springer.com/series/13088

Rainer Heide

Psychopharmaka als Mittel zur Freiheitsbeschränkung

Ethische Bewertung für Medizin, Pflege und Pharmazie

Rainer Heide
Jena, Deutschland

ISSN 2197-6708 ISSN 2197-6716 (electronic)
essentials
ISBN 978-3-658-23348-8 ISBN 978-3-658-23349-5 (eBook)
https://doi.org/10.1007/978-3-658-23349-5

Die Deutsche Nationalbibliothek verzeichnet diese Publikation in der Deutschen Nationalbibliografie; detaillierte bibliografische Daten sind im Internet über http://dnb.d-nb.de abrufbar.

Springer ist ein Imprint der eingetragenen Gesellschaft Springer Fachmedien Wiesbaden GmbH und ist ein Teil von Springer Nature
Die Anschrift der Gesellschaft ist: Abraham-Lincoln-Str. 46, 65189 Wiesbaden, Germany

Was Sie in diesem *essential* finden können

- Können Psychopharmaka als Mittel zum Freiheitsentzug eingesetzt werde?
- Der verletzliche Mensch
- Was sind psychoaktive Medikamente?
- Was ist Freiheitsentzug und Selbstbestimmung?
- Moralische Bewertung
- Vertrauen in der Medizin

Vorwort

Als Apotheker mit klinischer und ambulanter Erfahrung ist seit vielen Jahren der Schwerpunkt meiner Arbeit als öffentlicher Apotheker die geriatrische Pharmazie. Mit diesem Hintergrund arbeite ich seit mehreren Jahren in einem interdisziplinären Arbeitskreis der Stadt Jena mit dem Thema „Reduktion freiheitsentziehender Maßnahmen in der Pflege“ (Pflegeinitiative Jena). Mitglieder dieses Arbeitskreises sind Mitarbeiter des Fachdienstes Soziales, Richter, Rechtsanwälte, Mediziner, Apotheker, Pflegekräfte, Berufsbetreuer, Verfahrenspfleger, Mitarbeiter der Heimaufsicht und des Medizinischen Dienstes der Kassen, (MDK), der Pflegestützpunkt und des Uniklinikums Jena. Die Gründung dieses Arbeitskreises wurde durch die Arbeit des Freiburger Vereins „Redufix“ sowie der bayerischen Initiative „Werdenfelser Weg“ inspiriert.[1]

Das Ziel dieses Arbeitskreises ist es, durch modulare Fortbildungen Pflegekräften, Betreuern und Interessierten Wissen an die Hand zu geben, mit dem die Beurteilung von möglichen freiheitsentziehenden Maßnahmen neu erfolgen und eben freiheitsentziehende Maßnahmen eventuell reduziert oder gar nicht erst eingesetzt werden sollen. Als Dozent für den Bereich „Psychopharmaka“ ist man immer wieder mit der Frage konfrontiert, ob der Einsatz dieser Medikamente angemessen ist und ob es nicht vielleicht zu einer zu hohen Verwendung dieser Präparate im pflegerischen Alltag besonders bei Patienten mit demenziellen Symptomen kommen kann. Diese Fragen haben mich als Biologen und Pharmazeut inspiriert, nachzufragen und zu überlegen, ob und wie man diese Frage mit dem

[1]Werden bei Berufs- und Personenbeschreibungen männliche Formen verwendet, stellt dies keinen Akt der bewussten Unterlassung anderer Geschlechtsbezeichnungen dar, sondern ist im historischen Kontext der Begrifflichkeit zu sehen und schließt sämtliche Geschlechter ein.

Blick über den Tellerrand vielleicht nicht beantworten, aber doch diskutieren könnte. Die Humanwissenschaften leben ja immer im Zwiespalt zwischen naturwissenschaftlicher und geisteswissenschaftlicher Betrachtung. Daher liegt es für mich auf der Hand, solche essenziellen, uns alle möglicherweise einmal betreffenden Fragen, nicht nur als Naturwissenschaftler zu betrachten, sondern auch eine geisteswissenschaftliche Betrachtungsweise mit einfließen zu lassen.

Rainer Heide

Danksagung

Ich möchte mich an dieser Stelle besonders bei Stud. Phil. Tillmann Heide, FU Berlin, der mich in vielfältiger Weise fachliche sehr unterstützt und bereichert hat, sowie bei Prof. Peter Kunzmann von der Tierärztlichen Hochschule Hannover als Ethiker für die kritische und kreative Begleitung und Diskussion danken. Weiterhin möchte ich Fr. Rechtsanwältin Angelika Kellner, Gotha, aus dem AK „Reduktion freiheitsentziehender Maßnahmen in der Pflege – Pflegeinitiative Jena“ für ihre juristischen Kommentierungen ganz herzlich danken.

Inhaltsverzeichnis

1 Einleitung – Reduktion freiheitsentziehender Maßnahmen in der Pflege und Medikamente

Besonders in den letzten Jahren wird in der Literatur[1,2,3,4] das Thema diskutiert, ob der Einsatz von Medikamenten z. B. Psychopharmaka in der geriatrischen Pharmakotherapie nicht auch missbräuchlich zum Zwecke des Freiheitsentzuges oder damit verbundenen Maßnahmen bei verhaltensauffälligen Patienten mit herausforderndem Verhalten angewendet werden könnte.

Um diese Fragestellung beantworten zu können, ist es notwendig, zum einen die Geschichte und Hintergründe dieser Frage zu beleuchten und zum anderen die Möglichkeiten der Beurteilung darzustellen und Begriffe zu definieren.

Die Frage, ob die Verwendung von Psychopharmaka ein Mittel zum Freiheitsentzug darstellen kann, entspringt in jüngster Zeit u. a. der Münchener Initiative (www.bgt-ev.de/…BGT/…/3_Freiheitsentziehung_durch_sedierende_Medikamente.pdf)[5], die sich wiederum aus der Arbeit der Mitwirkenden aus dem redufix-Projekt[6], des Werdenfelser Weges[7] und anderer darauf folgender Initiative, wie z. B. des Arbeitskreises zur Reduktion freiheitsentziehender Maßnahmen in der Pflege der Stadt Jena (www.pflegeinitiative-jena.de), in 2017 ergeben hat.

---

[1]Münchener Initiative, 14.10.2016.

[2]Weber, Bockenheimer-Lucius, Ebsen et al Pantel 2005.

[3]Greta Hundertmark, 2013.

[4]Wendelstein, Wetzel, Andrejeva et al Meyer-Kühling, 2015.

[5]Münchener Initiative, 14.10.2016.

[6]C. Becker und T. Klie, 2004.

[7]Werdenfelser Weg GbR, 05. 05 2018.

R. Heide, *Psychopharmaka als Mittel zur Freiheitsbeschränkung*, essentials,
https://doi.org/10.1007/978-3-658-23349-5_1

Beck'scher Online Kommentar BGB

Freiheitsentziehend sind diese Maßnahmen nur, wenn sie gegen den Willen des einsichtsfähigen Betroffenen vorgenommen werden (OLG Hamm FamRZ 1993, 1490) und ***darauf abzielen,*** *den Betroffenen in seiner* ***Bewegungsfreiheit einzuschränken.*** *Dies ist besonders hinsichtlich Medikationen von Bedeutung, die* ***nicht genehmigungspflichtig*** *sind, wenn lediglich* ***als Nebenwirkung*** *der Bewegungsdrang des Betroffenen eingeschränkt wird* (OLG Hamm NJWE-FER 1997, 178; *Wigge* MedR 1996, 290, 292) (Münchner Initiative 2018).

Begriff des Freiheitsentzuges
I Rechtsprechung einhellig:
OLG Hamm 08/01/1997 AZ: 15 W 398/96:
„Die Verabreichung von Medikamenten stellt nur dann eine unter § 1906 Abs. 4 BGB fallende unterbringungsähnliche Maßnahme dar, wenn sie **gezielt** eingesetzt wird, um den nicht untergebrachten Betreuten **am Verlassen seines Aufenthaltsortes** zu **hindern.**"
OLG Zweibrücken FamRZ 2000, 1114:
Die Vorschrift **schützt** gleichfalls die **persönliche Bewegungsfreiheit**. Eine Medikamentenbehandlung wird deshalb nur hiervon erfasst, wenn diese **gezielt** eingesetzt werden, um den nicht untergebrachten Betreuten am **Verlassen seines Aufenthalts zu hindern**. Auch die letzten Entscheidungen des BGH sprechen eher von einem sogenannten **finalen Gebrauch** der freiheitsentziehenden Maßnahmen, das heißt, **Ziel** der Maßnahme muss der **Entzug der Fortbewegungsfreiheit** sein (Münchner Initiative 2018).

Begriff des Freiheitsentzuges
II Literatur widerstreitend:

1. Ansicht: Sedierende Medikamente sind genehmigungspflichtig, wenn sie gegeben werden:
   - um den Betreuten an der Fortbewegung in der Einrichtung oder am Verlassen der Einrichtung zu hindern,
   - um die Pflege zu erleichtern,
   - um Ruhe auf der Station oder in der Einrichtung herzustellen.
2. Ansicht: Maßgeblich ist, ob der Betreute durch die getroffenen Vorkehrungen gegen seinen natürlichen Willen darin gehindert wird, seinen jeweiligen Aufenthaltsort zu verlassen (Münchner Initiative 2018).

Diese Zitate aus der Münchner Initiative beschreiben zum einen die Rechtsgrundlagen für den gezielten Einsatz von Methoden (auch Psychopharmaka) zum Freiheitsentzug sowie die rechtliche Interpretation in der praktischen Umsetzung. Gleichzeitig zeigen sie den grundlegenden Gedankenansatz des Münchner Weges, nämlich die Frage des Freiheitsentzuges durch mögliche Medikamente ausschließlich rechtlich zu bewerten.

Hintergrund für alle diese grundsätzlichen Diskussionen ist es, freiheitsentziehende Maßnahmen gemäß Art 104 GG[8] und §1906 BGB[9] (sh 3.) in jeder Form von abhängiger Pflege zu vermeiden bzw. zumindest auf ein nötiges Maß zu reduzieren.

Die Frage, was genau und juristisch weiter die besagten Rechtsartikel zu diesem Thema beitragen, wird hier nicht beantwortet werden können, da es hier nicht um die tiefer gehende juristische Interpretation gehen soll. Nur soviel sei an dieser Stelle gesagt, dass man auch in Hinblick auf den noch zu diskutierenden Einsatz von Medikamenten wie Psychopharmaka, freiheitsentziehende Maßnahmen z. B. als Beschränkung der Mobilität begreifen kann. (sh. Kap. 4)

Die zunehmende Fokussierung auf das Thema Medikamente wie z. B. Psychopharmaka und Freiheitsentzug findet seine Begründung auch darin, dass durch die gestiegene und erfolgreich einsetzende Diskussion über den notwendigen Einsatz physikalischer Methoden zum Freiheitsentzug (z. B. Bettgitter, Gurtfixierungen und elektronische Fixierungen), eine Reduktion von beantragten Maßnahmen durch die Gerichte z. B. in den Regionen Werdenfels und Jena festgestellt werden konnte.[10]

Offensichtlich hat die Abnahme (§1906 BGB unterbringungsähnliche Maßnahmen)[11] der beschriebenen physikalischen Fixierungen (siehe Tab. 1.1) also zur nicht unberechtigten Besorgnis geführt, diese Reduktion könnte u. U. durch den verstärkten Einsatz von Psychopharmaka hervorgerufen worden sein.

Die Tabelle zeigt sehr deutlich schon ab dem Jahr 2010 einen deutlich anhaltenden Rückgang der Betreuungszahlen nach §1906 Abs 1 und 4.

---

[8]Di Fabio, Udo. *Grundgesetz* 2017.

[9]Helmut Köhler, 2018.

[10]Stadt Jena, www.pflegeinitiative-jena.de, 2012, 05. 05 2018 <https://www.pflegeinitiative-jena.de>.

[11]Münchener Initiative, 14.10.2016.

Tab. 1.1 Genehmigungsverfahren nach §1906 Abs 1 und 4. (Quelle: Bundesamt für Justiz, Sondererhebung „Verfahren nach dem Betreuungsgesetz“, 1992–2015; Gestaltung: Deinert) (§1906 Genehmigung des Betreuungsgerichtes bei freiheitsentziehender Unterbringung und bei freiheitsentziehenden Maßnahmen)

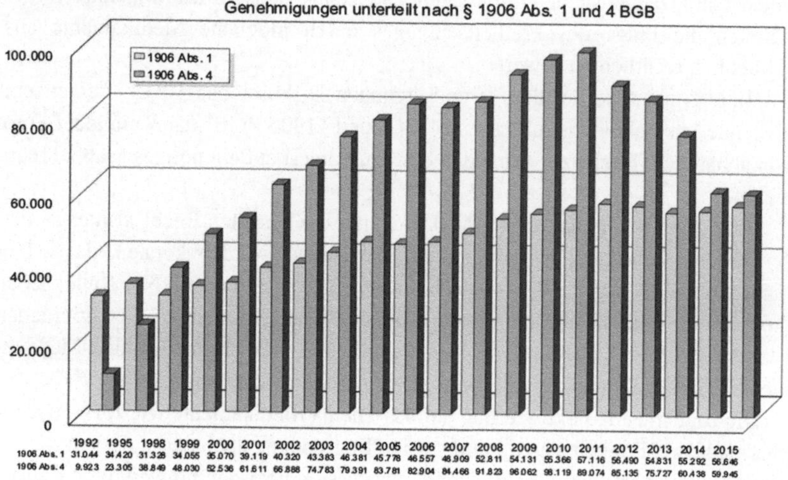

§1906:

Bürgerliches Gesetzbuch (BGB)

§ 1906 Genehmigung des Betreuungsgerichts bei freiheitsentziehender Unterbringung und bei freiheitsentziehenden Maßnahmen

(1) Eine Unterbringung des Betreuten durch den Betreuer, die mit Freiheitsentziehung verbunden ist, ist nur zulässig, solange sie zum Wohl des Betreuten erforderlich ist, weil

1. auf Grund einer psychischen Krankheit oder geistigen oder seelischen Behinderung des Betreuten die Gefahr besteht, dass er sich selbst tötet oder erheblichen gesundheitlichen Schaden zufügt, oder

2. zur Abwendung eines drohenden erheblichen gesundheitlichen Schadens eine Untersuchung des Gesundheitszustands, eine Heilbehandlung oder ein ärztlicher Eingriff notwendig ist, die Maßnahme ohne die Unterbringung des Betreuten nicht durchgeführt werden kann und der Betreute auf Grund einer psychischen Krankheit oder geistigen oder seelischen Behinderung die Notwendigkeit der Unterbringung nicht erkennen oder nicht nach dieser Einsicht handeln kann.

(2) Die Unterbringung ist nur mit Genehmigung des Betreuungsgerichts zulässig. Ohne die Genehmigung ist die Unterbringung nur zulässig, wenn mit dem Aufschub Gefahr verbunden ist; die Genehmigung ist unverzüglich nachzuholen.
(3) Der Betreuer hat die Unterbringung zu beenden, wenn ihre Voraussetzungen weggefallen sind. Er hat die Beendigung der Unterbringung dem Betreuungsgericht unverzüglich anzuzeigen.
(4) Die Absätze 1 bis 3 gelten entsprechend, wenn dem Betreuten, der sich in einem Krankenhaus, einem Heim oder einer sonstigen Einrichtung aufhält, durch mechanische Vorrichtungen, Medikamente oder auf andere Weise über einen längeren Zeitraum oder regelmäßig die Freiheit entzogen werden soll.
(5) Die Unterbringung durch einen Bevollmächtigten und die Einwilligung eines Bevollmächtigten in Maßnahmen nach Absatz 4 setzen voraus, dass die Vollmacht schriftlich erteilt ist und die in den Absätzen 1 und 4 genannten Maßnahmen ausdrücklich umfasst. Im Übrigen gelten die Absätze 1 bis 4 entsprechend.

An dieser Stelle kann feststellt werden, dass zumindest die erhobenen Daten einer noch nicht veröffentlichten Studie (2017–2018) aus einer stationären Einrichtung in Jena den Schluss des erhöhten Gebrauchs von Psychopharmaka in Korrelation mit den verminderten Fallzahlen zur Genehmigung nach §1906 nicht zulassen, wohl wissend, dass diese Aussage lediglich eine Fallbeschreibung darstellt und keinen Anspruch auf statistische Validität liefert.

Interessanterweise können aber auch die Publikationen, die diese Tatsache behaupten, ebenso keine anderen Daten auch aus den letzten Jahren liefern[12,13,14] und die Daten korrelieren gut mit denen der aktuellen Jenaer Studie.

Letztlich ist diese quantitative Frage hier aber nicht entscheidend, da es sich ja um einen individuellen Erlebnishorizont handelt, der in seiner Individualität statistisch nicht beeinflusst wird, sondern eben individuell bleibt, unabhängig davon, wie viele andere Subjekte mit ihm dies erleben. Wir können nur eine statistische Erfassung retrospektiv durchführen, aber individuelle Schlüsse sind daraus nicht möglich.

[12]Weber, Bockenheimer-Lucius, Ebsen et al Pantel, 2005.

[13]Elisabeth Molter-Bock, 22. Juli 2004.

[14]Greta Hundertmark, 2013.

2 Vulnerable Gruppen

Wenn man das Thema diskutiert, einen möglichen Freiheitsentzug durch Medikamente wie z. B. Psychopharmaka zu reduzieren oder zu verhindern, muss zunächst beschrieben werden, wer der Personenkreis ist, der bei dieser Diskussion eingeschlossen werden soll bzw. der Adressat solcher vermeidenden Handlungen ist. Man benutzt in der Diskussion deshalb hier oft den Begriff der Vulnerabilität von Patienten (vulnerability), also in direkter Übersetzung – der Verwundbarkeit, Verletzlichkeit. Childress und Beauchamp beschreiben „*Vulnerable persons in biomedical context are incapable of protecting their own interests of sickness, debilitation, mental illness, immaturity, cognitive impairment, and the like.*"[1], d. h. verletzliche, vulnerable Personen sind Personen, die unfähig sind, ihre eigenen Interessen in Bezug auf Erkrankung, Entkräftung, psychische Krankheiten, geistige Entwicklung, kognitive Beeinträchtigungen u. a. m. zu schützen und zum zu vertreten. Wir beziehen uns hier nur auf die Personengruppen, die durch Faktoren im gesundheitlichen Bereich als vulnerabel angesehen werden. Diese Gruppendefinitionen bergen immer in sich die Gefahr der Pauschalisierung und werden dem Einzelschicksal meist nicht gerecht. Die Vulnerabilität aufgrund sozialer und/oder politische Umstände bleiben hier unbeachtet.

Es wird in der Literatur[2,3] oftmals eine Personengruppe als besonders vulnerable Patientengruppe in unserem Sinne beschrieben – das sind z. B. BewohnerInnen von stationären Alteneinrichtungen. Ebenso können auch PatientInnen in

---

[1] J.-F. Childress und T.-L. Beauchamp, 2009.

[2] Weber, Bockenheimer-Lucius, Ebsen et al. Pantel, 2005.

[3] J.-F. Childress und T.-L. Beauchamp, 2009.

R. Heide, *Psychopharmaka als Mittel zur Freiheitsbeschränkung*, essentials,
https://doi.org/10.1007/978-3-658-23349-5_2

einer ambulanten Pflege-Betreuung als vulnerable Gruppe aufgefasst werden und dies sogar in zweierlei Weise. Zum einen gegenüber institutionalisierter Einflussnahme durch die MitarbeiterInnen der Pflegedienste und zum anderen durch die Situation innerhalb der Sozialstrukturen einer Familie beispielsweise.

Beispielhaft kann an dieser Stelle gefragt werden, wie der Umgang mit vulnerablen Patienten bei Vorhandensein z. B. von Verhaltensauffälligkeiten ist – sei es in der ambulanten und/oder stationären Pflege.

Diese Eingrenzung (vulnerable Patienten) bringt aber Einschränkungen mit sich, die für die grundlegende Überlegung zum Einsatz von Medikamenten und damit verbundenen freiheitsentziehenden Situationen wichtig sind.

Patienten in peri- und postoperativen Situationen sind ebenfalls eine vulnerable Gruppe in Bezug auf medikamentöse Wirkungen und Nebenwirkungen; Kinder und Jungendliche können betroffen sein, Patienten in psychiatrischer Behandlung. Jeder Patient, der Zugang zu Sedativa und Tranquilizern hat, könnte betroffen sein.

D. h., die eingangs erwähnte Frage zu Medikamenten und Freiheitsentzug ist für eine viel größere Patientengruppe relevant, die alle durch ihre altersbedingte, situative und/oder pathologische Hilflosigkeit als vulnerable Gruppen angesehen werden müssen.

Was ist Freiheitsentzug? 3

3.1 Autonomie der Patienten und Selbstbestimmungsrecht

Einleitend in dieses gesamte Kapitel soll hier zunächst einiges zur Patientenautonomie und zum Selbstbestimmungsrecht des Patienten gesagt werden. Um die Wichtigkeit dieses Begriffes zu unterstreichen, ist ein Zitat von Kant sehr hilfreich: „Autonomie ist also der Grund der Würde der menschlichen und jeder vernünftigen Natur".[1]

Betrachtet man einen geplanten Eingriff an einem Patienten, z. B. Psychopharmakagabe, so muss festgestellt werden, welche Rechte der Patient in dieser Situation hat. Dieses wird im weiteren Verlauf noch ein wichtiges Argument in der Diskussion sein.

Zunächst die Frage – was ist Autonomie und was verstehen wir darunter?

Das Wort „Autonomie" hergeleitet aus dem griechischen von *autos = selbst* und *nomos = Gesetz,* beschreibt einen Zustand der Selbstständigkeit, Selbstbestimmung.

Als Wort in unserer Sprache wird „Autonomie" erst durch unseren Gebrauch mit Bedeutung gefüllt (sh. Wittgenstein[2], Heide[3]). Aber wie gebrauchen wir es, was verstehen wir darunter? Gewöhnlich im alltäglichen Sinne – und das sollte die Grundlage für die Diskussion der Benutzung des Begriffes „Autonomie" sein. Denn nur die Alltagssituation ist der Ausgang für die individuelle Benutzung beispielsweise

[1]Immanuel Kant, 2017.

[2]Ludwig Wittgenstein, 2017, § 48.

[3]Tillmann Heide, 2018.

R. Heide, *Psychopharmaka als Mittel zur Freiheitsbeschränkung,* essentials,
https://doi.org/10.1007/978-3-658-23349-5_3

im Sinne des Patienten als Teil der sozialen Gemeinschaft sowohl eben im Alltag als auch vor bzw. nach einer stationären Aufnahme z. B. in eine Pflegeeinrichtung.

„Autonomie" wird im Kontext sozialer Verhältnisse im Alltag oft als Begrifflichkeit im Sinne der Freiheit (Adorno)[4] begriffen, als Begrenzung von gesellschaftlichen Verhältnissen und Hinterfragung offensichtlicher Möglichkeiten, somit als Basis für Entscheidungen, die wir individuell treffen und auch individuell, aber eben auch sozial, verantworten – müssen. Der Begriff „Autonomie" ist in unserer Alltagssprache natürlich in vielschichtiger Meinung hinterlegt (z. B. autonomes Fahren, Autonomiebehörde im politischen Sinne etc.). Dies soll aber an dieser Stelle nicht diskutiert werden.

Aber können wir überhaupt autonome Entscheidungen treffen?

Entscheidungen zu treffen, heißt vorher Informationen zu sammeln, zu werten und daraus entsprechende Schlüsse und Konsequenzen zu ziehen. Das tut jedes Lebewesen als biologische Einheit, die dieses ausführen kann und kognitiv dazu in der Lage ist. Und so ist es natürlich auch das evolutionäre Erbe des Menschen, Entscheidungen ständig zu treffen. Wir als Menschen haben, um die ständig steigende Flut an Informationen in einer zunehmend fragmentierten und unverstandenen Welt zu verwalten, Vertrauen als eine wesentliche psychische und neurokognitive Eigenschaft „eingeführt", um die Komplexität für Entscheidungen moderieren zu können.[5] Da diese Informationen im sozialen Kontext aber wiederum von anderen Personen erzeugt worden sind und mit diesen Informationen in entsprechender Weise umgegangen worden ist bzw. umgegangen wird, beeinflusst dieser Findungsprozess autonomes Verhalten dahingehend, als er eben sozial eingebetet ist. Reine autonome Entscheidungen entstehen nur in Situationen, wo man als Individuum allein einer entsprechenden Entscheidungssituation gegenüber steht, z. B. in der Natur. Sobald innerhalb eines sozialen Prozesses Entscheidungen zu treffen sind, werden diese Entscheidungen niemals autonom getroffen, können nicht autonom getroffen werden.

Für die Diskussion ist es daher wichtig, noch einmal herauszuheben, dass eine absolute Autonomie von Objekten und Subjekten niemals existiert[6] Die autonome Handlung wird hier aus einer sozialen Sichtweise heraus definiert, also im Rahmen menschlicher Interaktion.

---

[4]Lukas Kaelin, 2014.

[5]Niklas Luhmann, 1989.

[6]G. Fichte, 2000.

Diese Situation trifft natürlich auf alle sozialen Strukturen zu, eben auch in einer stationären Altenpflegeeinrichtung. D. h. auch der demente Patient trifft seine Entscheidungen genauso wie alle Personen um ihn herum – getragen von persönlichem Wissen und sozialen Einflüssen.

Wie erfasst man nun Autonomie bzw. was sind grundlegende Faktoren von Autonomie oder für autonome Entscheidungen? Dies sind nach Franziska Krause *„erstens das **Recht** auf Selbstbestimmung, das heißt die Freiheit von psychologischen und physischen Zwängen und zweitens, die Fähigkeit, sich nach dem Kriterium der Reflexion selbst zu bestimmen. Autonomie ist die Basis, von anderen und von sich selbst nicht – im Sinne Kants- als Mittel zum Zweck, sondern als eine mündige Person der Gesellschaft betrachtet zu werden, die eigene Ziele verfolgt und somit auch die Hoheit über ihre (moralischen) Entscheidungen innehält.“*[7]

Weiter folgend stellt sich die Frage, was beeinflusst die Entscheidung des Patienten?

Für eine kompetente Entscheidung des Patienten muss ihm Kenntnis zur Verfügung stehen, dass der Situation gerecht und verständlich ist. Zusätzlich wird die Entscheidung auch durch Faktoren beeinflusst, die sich nach Krause z. B. aus *„unbewussten Wirkungen und Zwängen ergeben.“*[8] Wie beeinflussen beispielsweise Schmerzen oder hoher Blutdruck eine Entscheidung?

Häufig ist die Entscheidung ja nur zwischen dem Wunsch nach der Behandlung oder eben nicht zu treffen. Aber selbst für diese einfache ja-nein Entscheidung ist der mutmaßliche Wille des Patienten entscheidend. *„Denn was letztlich Selbstbestimmung im medizinischen Kontext erfüllen muss, um als autonom zu gelten, bleibt umstritten und setzt auch immer zugleich die Folgefrage an, welche Menschen überhaupt die Anforderungen an idealisierte Autonomieverständisse erfüllen würden.“* Krause.

Da es sich bei medizinischen Entscheidungen um keine Heuristik im naturwissenschaftlichen Sinne handelt, müssen andere Faktoren neben Wissen noch eine wichtige Rolle spielen. Das Vertrauen des Patienten zum Arzt spielt dabei eine erhebliche Rolle, nicht nur für die Adhärenz/Compliance im weiteren Therapieprozess sondern auch schon im Entscheidungsprozess. Je weniger die Therapie sicher oder gewiss für den Patienten ist oder scheinen mag, um so größer ist das Vertrauen in die Entscheidung des Arztes oder der, die Therapie vermittelnden Personen.[9] Es wird also klar, dass die Entscheidung eines Patienten,

[7]Greta Hundertmark, 2013.

[8]Julia Hrsg. Inthron, 2010.

[9]O. Neil, 2002.

zumal eines vielleicht kognitiv beeinträchtigten Patienten von vielen Faktoren abhängt, bei denen nicht klar ist, wie am Schluss, die für den Außenstehenden in vielleicht unverständlicher Weise, konkrete und persönliche Entscheidung ausfällt.

„*...Wie bewertet man Situationen, in denen offensichtlich kompetente Menschen irrationale Entscheidungen treffen?...*" Krause, Heide[10]

Nach Pantel S. 166 ff.[11] stellen sich weiterhin im Kontext der Autonomiediskussion folgende Fragen: „*Wie bestimmt sich das Wohl des Patienten und wer bestimmt es? Welche Möglichkeiten zur Selbstbestimmheit werde dem Patienten verweigert, wo verläuft der schmale Grat zwischen Fürsorglichkeit und Zwang? Wer rechtfertigt die Beschränkungen des Entscheidungs- und Handlungsspielraums des Patienten?*"

Im vorgenannten Text haben wir die Möglichkeit des Generierens von Kenntnissen oder Informationen in dieser speziellen Situation diskutiert. Die Frage des Umgangs und der Bewertung mit diesen Kenntnissen in solch einer Situation ist nur im diskursiven Rahmen zu lösen, um die jeweilige, patientenindividuelle Autonomie zu erfahren und dann ausführen zu können.

3.2 Freiheitsbeschränkung und Freiheitsentzug

Grundsätzlich sollen zunächst an dieser Stelle die Begriffe „Freiheitsentzug" und „Freiheitsbeschränkung" sowie „Freiheitsberaubung" beschrieben und unterschieden werden. „Freiheitsberaubung" als Straftatbestand wird hier nicht weiter beleuchtet.

Grundlegend kann man an dieser Stelle die Überlegung zu a) Freiheit von etwas – also beispielsweise Zwang (im klassischen Sinne von Kant) oder b) Freiheit zu etwas – im moderneren Sinne als Handlungsfreiheit (z. B. nach Hannah Arendt) heranziehen.

Kellner[12] definiert freiheitsbeschränkende Maßnahmen als solche von geringer Dauer und Intensität und unterscheidet sie dadurch von freiheitsentziehenden Maßnahmen. Diese sind gekennzeichnet durch lange Dauer, regelmäßige Wiederholungen der Maßnahmen, Intensität und Maßnahmen auch gegen den Willen

---

[10]Rainer Heide, 2017.

[11]Weber, Bockenheimer-Lucius, Ebsen et al. Pantel, 2005.

[12]Angelika Kellner, 2017.

des Betroffenen. Nach Pantel[13] sind im Unterschied zu freiheitsentziehenden Maßnahmen freiheitsbeschränkende Maßnahmen solche, die einen Eingriff bezeichnen, welcher „*... in die Bewegungsfreiheit von geringer Intensität und/ oder Dauer ist und sind* daher (Anm. d. Autor) *nicht genehmigungspflichtig...*" sind. Somit kann man die Freiheitsbeschränkung als Oberbegriff definieren, aus dem sich in der Verschärfung der Freiheitsentzug und noch verschärfter die Freiheitsberaubung ableitet.

Juristisch ist die Frage der Freiheit und der Beschränkungen der Freiheit sowie Freiheitsentzug im GG und BGB beschrieben (Art 104 GG und § 1906 BGB unterbringungsähnliche Maßnahmen[14]. Doch dies allein beantwortet nicht die Frage, was **individuell** als Freiheitsentzug begriffen wird.

Bei physikalischen Methoden lässt sich noch relativ leicht nachvollziehen, w i e und w a s freiheitsentziehend wirkt. Eine von außen geschlossene Tür, ein im Bett fixierter Patient – auch das Bettgitter beim immobilen Patienten sind recht deutlich nachzuvollziehende Beispiele für physikalische Fixierungen. Aber wie ist es eben mit Medikamenten Neben- und Wechselwirkungen, wie ist es bei Schwäche nach Nahrungsverweigerung, wie ist es mit Zurückgezogenheit durch eine unbehandelte Depression?

Gerade die letzte Frage berührt unmittelbar unser Problem, nach dem Einsatz von Psychopharmaka und ich möchte das hier an diesem Beispiel noch einmal illustrieren.[15]

Ein Patient mit einer schweren Depression und einer Alzheimer Demenz im beginnenden Stadium möchte in seinem Krankheitszustand sein Zimmer nicht verlassen, nicht am sozialen Leben teilnehmen. Ohne Behandlung hat er sich selbst, krankheitsbedingt – also mit eingeschränkter kognitiver und psychischer Entscheidungsmöglichkeit – seinen individuellen Freiheitsmöglichkeiten selbst entzogen. Eine notwendige antidepressive Behandlung könnte ihn offener, wieder zugewandter und mobiler werden lassen. D. h. er könnte sein Zimmer verlassen und wieder am Leben teilnehmen. Aber wie hat er sich in seinem Krankheitszustand gefühlt? War ihm bewusst, wie es ihm geht? War er in der Lage, seinen Zustand zu reflektieren und zu beschreiben?

Wahrscheinlich nicht, da in seiner Situation, in der Depression, die Welt für ihn in seiner Zurückgezogenheit eine Entität war, ein erhaltenswerter, zumindest

[13]Johannes Pantel, 06. Oktober 2016.

[14]C. Becker und T. Klie, 2004; Werdenfelser Weg GbR, 05. 05 2018.

[15]J., Weisbrod, C., Bösch,L., et al. Hummel, Januar 2012: 34.

nicht notwendig ändernswerter Zustand. Nur die Umwelt – nichtdepressiv – findet aus der sozialen Sichtweise dieses Verhalten dissozial und damit nicht den geltenden Normen konform. Ohne auf Krankheitstheorien im Einzelnen hier eingehen zu wollen, zeigt dieses Beispiel doch sehr schön nach Boorse[16] die Frage nach der *„normalen Funktion"*. Danach besteht Gesundheit in normaler Funktion und ergänzend ist *„Funktion hier biologisch und Normalität statistisch"* zu verstehen. D. h. die Frage nach Krankheit als extrinsische Einschätzung und Kranksein bzw. sich krank fühlen als intrinsische Einschätzung wird hier sehr deutlich.

Würden wir nun die Folge dieser ursprünglichen, nicht behandelten Krankheit als gewollten Freiheitsentzug einstufen? D. h. würden wir die unterlassene Behandlung nicht auch als freiheitsbeschränkende Maßnahme definieren können? Oder würden wir eine eventuelle psycho-pharmakologische Behandlung mit der möglichen Nebenwirkung „Sedierung" als gewollte freiheitsentziehende Maßnahme einschätzen? Enthält nicht auch die Unterlassung die Möglichkeit einer freiheitsentziehenden Maßnahme gegenüber Dritten genauso, wie es für die aktive Handlung postuliert wird?

Nach Pantel und Kellner[17] ist eine freiheitsentziehende Maßnahme (sh. dort) eine andauernde, **aktive** Maßnahmen, in welcher der Bewohner und Patient im Rahmen einer unterbringungsähnlichen Maßnahme gem. § 1906 BGB im Aufenthaltsort beschränkt, wenn nicht gar fixiert wird. Die Einnahme von Medikamenten generell, ist auch bei sedierender Wirkung oder Nebenwirkung m. M. nicht so zu werten. Grundsätzlich ist die Einnahme von Medikamenten ein aktiver Prozess, der immer die Einwilligung (sh. Kap. 7) des Patienten erfordert. Im entsprechendem Fall stimmt der Patient der Einnahme ausdrücklich, günstigerweise auch schriftlich zu, oder er duldet die Bereitstellung der Medikamente und nimmt sie freiwillig zu sich, d. h. er verweigert die Einnahme nicht. Dieses Verweigerungsrecht stünde ihm immer zu, unabhängig von seiner Kenntnis der Wirkung oder Nebenwirkung von Arzneimitteln allein aus seinem situativen Gefühl heraus.

Ist der Patient grundsätzlich freiwillig nicht zur Einnahme der Medikamente bereit, besteht dann nur im Fall von selbstschädigendem Verhalten die Möglichkeit, die Einnahme zu erzwingen. § 1906 Abs 3 Pkt 3[18]: *„Widerspricht eine ärztliche Maßnahme … dem natürlichen Willen des Betreuten (…), so kann der*

[16]Thomas Schramme Hrsg, 2012.

[17]Angelika Kellner, 2017.

[18]C. Becker und T. Klie, 2004.

*Betreuer*in sie *nur einwilligen, wenn... die ärztliche Zwangsmaßnahme im Rahmen der Unterbringung nach Abs 1 zum Wohl des Betreuten erforderlich ist, um einen drohenden gesundheitlichen Schaden abzuwenden.*"

Diese Zwangsmaßnahme ohne den oben beschriebenen Notstand setzt dann allerdings tatsächlich in jedem Fall einen richterliche Einwilligung mittels Beschluss voraus.

Durch eine freiwillige Medikamenteneinnahme im Rahmen einer therapeutisch begründeten Heilmaßnahme wird der Patient durch die Freiwilligkeit niemals einer Regelung nach § 1906 (freiheitsentziehende Maßnahmen) unterliegen, da der Patient oder sein Betreuer die Medikamenteneinnahme jederzeit beenden können. Ein physikalisch fixierter Patient hat eben nicht die Möglichkeit, wie bei der Verweigerung der Medikamenteneinnahme, seine physikalische fixierende Maßnahme **selbst** zu beenden.

Um die Komplexität dieses Themas anschaulich zu machen, sei hier auch ein weiteres Problem angeführt. Neben diesen möglichen oder tatsächlichen Maßnahmen zur Beschränkung individueller Freiheit besteht die Möglichkeit, dass oft z. B. fürsorglicher Zwang oder rechtfertigender Zwang ausgeübt wird – wie beispielsweise durch die Tatsache eines Umzugs in ein Seniorenheim. Diese Handlungen unterliegen meist sozialen Zwängen z. B. seitens der Familie oder des Hausarztes, werden dann aber in der Regel von den Außenstehenden nicht als Zwangsmaßnahme empfunden, besonders dann nicht, wenn diese Maßnahme zu einer hochgradigen, auch psychischen, Entlastung pflegender Angehöriger führt.

Das Prinzip der „Freiwilligkeit" wird hier z. B. durch fürsorglichen Zwang begrenzt. Die Frage nach der Autonomie eines Patienten beinhaltet also immer auch die Frage nach der Autonomie bzw. der Beeinflussung der Autonomie durch die den Patienten umgebenden Menschen.

Autonomie ist keine Eigenschaft an sich, sondern entsteht nur im sozialen Wechselspiel mit anderen Menschen. Und da müssen gleichfalls sehr sorgfältig Anspruchs- und Abwehrrechte aller Personen in Bezug auf jede individuelle Autonomie beachtet werden.

Patientenindividuelle Entscheidungen und Einwilligung

4

Betrachtet man die patientenindividuellen Entscheidungsmöglichkeiten, immer vorausgesetzt der Patient ist kognitiv allein oder mit Hilfe in der Lage, dies zu entscheiden, stellen sich folgende Fragen.

1. Hat der Patient der Behandlung zugestimmt? Ist er/sie aufgeklärt worden? Hat er/sie die Aufklärung verstanden? (informierte Einwilligung = informed consent[1])
2. Welchen Einfluss in der komplexen Entscheidungssituation hat der Angehörige/Betreuer (proxy consent[2]) als Stellvertreter?
3. Will er/sie die Medikamente einvernehmlich einnehmen oder verweigert er die Einnahme?
4. Was ist der eigentliche Wille des Patienten?

Diese Fragen sind ganz grundlegend für die weitere Behandlung und den weiteren Umgang mit dem Patienten. Autonomie und Selbstbestimmung wurde bereits im Pkt 3.1 diskutiert. Siehe hier aber auch Kant „Die Autonomie des Willens", in der Kant eine moralische Entscheidung eben nur aus dieser Autonomie des Willens postuliert.[3] (sh auch Kap. 7)

In diesem Abschnitt soll diese Entscheidung u. a. aus rechtsphilosophischer Sicht betrachtet werden.

Wir haben die Situation, das der Patient rechtsphilosophisch betrachtet ein Anspruchsrecht auf eine sachgerechte, zeitgemäße und angepasste Therapie hat

---

[1]Weber, Bockenheimer-Lucius, Ebsen et al. Pantel, 2005.

[2]Weber, Bockenheimer-Lucius, Ebsen et al. Pantel, 2005.

[3]Immanuel Kant, 2017.

R. Heide, *Psychopharmaka als Mittel zur Freiheitsbeschränkung*, essentials,
https://doi.org/10.1007/978-3-658-23349-5_4

(sh. Leitlinien)[4]. Gleichzeitig muss ihm die Möglichkeit gegeben sein, im Rahmen seiner persönlichen Freiheit seine Abwehrrechte wahrnehmen zu können und die Behandlung verweigern zu können. Jedoch muss hier noch mal vertieft gefragt werden, ist der/die Patient/in in der Lage, seine Entscheidung reflektiert und frei treffen zu können? Was ist überhaupt seine Entscheidung?

In welchem Maße beeinträchtigt eine psychiatrische Erkrankung, aber auch andere pathologische Zustände wie Schmerz oder Schwerhörigkeit seine Entscheidung? Kann ein eingesetzter Betreuer bei einer kognitiv beeinträchtigten Person wirklich *entscheiden,* ob und wie eine Behandlung stattfinden soll? Wie ist in dieser Situation die Unabhängigkeit des/der Betreuer gewahrt? Wie wird sichergestellt, dass persönliche Umstände und Gefühle des/der Betreuer nicht mit in den Entscheidungsprozess einfließen? Lässt sich das überhaupt wirklich verhindern?[5]

Selbst die Entscheidung zum Freiheitsentzug kann aus Patientensicht irrelevant sein, nimmt er selbst vielleicht das hochgestellte Bettgitter als Sicherheit und nicht als freiheitsentziehende Maßnahme war.

Die endgültige Beurteilung, was eine freiheitsentziehende Maßnahme sein könnte, wird also einerseits objektivistisch durch unseren gesellschaftlichen und moralischen und andererseits subjektivistisch durch den individuellen Begriff von Freiheit definiert.

Als Subjekt kann nur Freiheit unseren Willen bestimmen und wird deshalb auch als freier Wille abgeleitet. Freiheit stellt die Möglichkeit zur Veränderung eines statischen Zustandes dar. Dazu müssen die Voraussetzungen gegeben sein – aber das Subjekt muss diese auch nutzen – können. In der moralischen Diskussion definiert Freiheit das Subjekt und wird von ihm definiert – in der Forderung

allein nach durch moralische Kriterien gelenkter Handlung und der Möglichkeit der Ausführung derselben. (sh. Kant, Grdlg. der Metaphys. der Sitten).

Auch die Verabreichung von Medikamenten und deren zu erwartende Wirkung sollte allein der Patient (informed consent) aufgrund seiner Kenntnisse beurteilen – und stimmt zu oder ab. Diese Beurteilung kann aber durch die Erkrankung oder andere Einschränkungen oder Mangel an Kenntnissen beeinträchtigt sein kann. Auch ein zusätzlicher Betreuer (proxy consent) vermag dieses oft nicht ausreichend zu beurteilen, da er einerseits ja niemals aus Patientensicht werten kann,

[4]DGPPN, DGN, 2016.

[5]Weber, Bockenheimer-Lucius, Ebsen et al. Pantel, 2005.

aber zudem andererseits z. B. nicht über ausreichende Kenntnisse zur Bewertung verfügt.

Die Frage der freiheitlichen Einwilligung eines Menschen in Behandlungsmaßnahmen stellt sich also als höchst komplex dar, zumal in der Kommunikation von Behandler und Behandeltem auch die Frage der unterschiedlichen Wissens- und Kommunikationsebenen eine Rolle spielen. Aufgrund des Wissenstandes des Behandlers ergibt sich immer eine asymmetrische oder komplementären Kommunikationsstruktur zum Behandeltem, die nur durch Vertrauen, dass der Behandelte dem Behandler gegenüber erbringen **muss,** ausgeglichen werden kann. Gleichzeitig kommen Kommunikationsstrukturen der verschiedenen Ebenen – Sachebene, Beziehungsebene, Appellebene und Selbstkundgabe zum Tragen.[6] Sodass allein schon aus kommunikativen Gründen oft nicht eindeutig entschieden werden kann, welcher Freiheitszustand für den Patienten grundsätzlich auch von ihm selbst gemeint sein könnte. Hier kann nur eine objektive Freiheitsdefinition einen nötigen Handlungsrahmen geben. In dieser sozial geprägten Situation greift die Freiheitsdefinition von Hannah Arendt, die Freiheit als Zustand beschreibt, der weder von Not noch Furcht gekennzeichnet ist, und ergänzend die Möglichkeit der Teilnahme am öffentlichen politischen und gesellschaftlichen Leben als Gleicher unter Gleichen gibt.

[6]Schulz von Thun, 1998.

5 Was sind Psychopharmaka?

Dieser Abschnitt ist einer weiteren Begrifflichkeit gewidmet, die klar definiert werden muss: dem Begriff „Psychopharmaka".

Psychopharmaka stellen keine pharmazeutisch-medizinische Entität per se dar, als die sie hier begriffen werden, sondern werden sowohl pharmakologisch als auch von ihrer Verwendung her definiert.

Es wird nicht ohne Grund der Begriff „Medikamente z. B. Psychopharmaka" verwendet, da nicht nur Psychopharmaka, wie sie im Folgenden definiert werden, Wirkungen und/oder Nebenwirkungen zeigen können, die als freiheitsentziehende Maßnahmen interpretiert werden können, sondern auch viele andere Arzneimittelgruppen mehr.

Unter „Psyche" wird hier die psychologische Definition für kognitive und emotionale Prozesse im Sinne der höheren neurologischen Funktionen des Gehirn verwendet. Deskriptiv werden als Psychopharmaka die verschiedensten Arzneimittelgruppen darunter subsumiert, die eine Wirkung und Einfluss auf das Gehirn haben und damit die Psyche und Persönlichkeit des Patienten gezielt verändern können – die einen psychotropen Effekt habe[1]. Mutschler[2] definiert Psychopharmaka als eben „die Psyche beeinflussende Pharmaka". Diese weit gefasste Beschreibung würde nach der Definition aber noch viel mehr Substanzen einschließen, als man üblicherweise als Psychopharmaka definiert.

Es stellt sich also die Frage, ob z. B. sämtliche Substanzen, die die Blut-Hirn-Schranke durchdringen und dann ebenfalls, vielleicht auch nur nebensächlich eine Wirkung im Gehirn hervorrufen, nicht auch psychoaktive Medikamente im Sinne der Psychopharmaka sind?

---

[1] O Benkert und H. Hippius, 1996.

[2] Ernst Mutschler, 2001.

R. Heide, *Psychopharmaka als Mittel zur Freiheitsbeschränkung*, essentials,
https://doi.org/10.1007/978-3-658-23349-5_5

Sind nicht auch z. B. Narkotika oder Schmerzmittel, die zentrale Schmerzrezeptoren als Zielgebiet haben, im weiteren Sinne Psychopharmaka? Auch z. B. ausgehend von der Wirkung aufgrund der Tatsache, dass Schmerz als Wahrnehmung die Persönlichkeit eines Menschen ebenfalls psychisch verändern kann? Oder auch neurologische Medikamente gegen Epilepsie oder Parkinson? Oder antiallergische Präparate, die als Nebenwirkung Müdigkeit induzieren können?

Es besteht eben eine definitorische und sprachliche Ungenauigkeit des Begriffes „Psychopharmakon"- allein aufgrund der Verschiedenartigkeit der Präparate und pharmakologischen Wirkorte.

Man kann festhalten, dass im sprachüblichen, normativen Sinne der Begriff „Psychopharmakon" als Gruppenbezeichnung für Substanzen verwendet wird, welche **aktiv** angewendet werden mit dem Ziel, neurophysiologisch pathologische Prozesse zu beeinflussen. Zusätzlich sollte man hier auch noch berücksichtigen, dass die Wirkung von Psychopharmaka ja nicht nur aus der pharmakologisch erwartbaren Wirkung besteht[3], sondern auch aus Wirkungen, die sich aus der Persönlichkeit des Patienten in einem psychodynamischen Sinne ergeben und die sich nicht oder nur schlecht erfassen lassen.

Selbst wenn wir uns deshalb auf die medizinisch signifikanten Substanzen konzentrieren, die man als im fachsprachlichen Sinne als Psychopharmaka bezeichnet (Neuroleptika, Antidepressiva, Sedativa, Tranquilizer, Antiepileptika, neurostimulierende/antidementive Substanzen u. a. m.), lässt sich die Frage des Einsatzes von Psychopharmaka als Mittel zum Freiheitsentzug auch mit dieser Eingrenzung weiterhin weder medizinisch noch juristisch klären.

Erweitert man die Diskussion um eine wissenschaftsphilosophischen Gedanken, so muss man feststellen, dass es sich bei pharmakologischen Fragestellungen innerhalb der Medizin und Pharmazie und den daraus folgenden somatischen oder psychischen Wirkungen nicht nur um die Diskussion innerhalb der Naturwissenschaften handelt, sondern hier in der Weiterung in den Bereich der Humanwissenschaften gewechselt werden muss.

Die Aussage „Psychopharmaka sind Mittel zum Freiheitsentzug" ist eine rein mechanistische und phänomelogische Aussage, die sich in der Betrachtung der modernen Wissenschaftstheorie und -philosophie der Medizin nicht halten lässt. Nach Pieringer und Ebner[4] vereinen sich in der Medizin „immer wieder Apriorismus und Empirismus, bzw. Humanwissenschaft und Naturwissenschaft."

[3]Rainer Heide, 1996.

[4]Pieringer, W.; Ebner, F., 2000.

Zusätzlich vereint die Medizin folgende methodologischen Zugangsweisen: phänomenologische, empirisch-analytische, hermeneutische und dialektische.

D. h., dass auch die Therapie eines Patienten nur im Zusammenspiel mit diesen Zugangsweisen betrachtet und gestaltet werden sollte.

Die **phänomenologische Methode** ist eine ideal-typische Methode, die die vorurteilslose und unmittelbare Wahrnehmung zum Gegenstand hat. Sie impliziert die sogenannte „eidetische Reduktion", die fordert, von allem Theoretischen, Hypothetischen und Deduktiven abzusehen, sowie Traditionen über den Erkenntnisgegenstand zu vernachlässigen, subjektive Betrachtungen zurückzustellen und objektiver Betrachtung den Vorrang zu lassen.

Die **empirisch-analytische Sichtweise** ist heute durch die „evidence based medicine" weit verbreitet und beruht auf der naturwissenschaftlichen Betrachtung der Krankheit, also einer beobachterunabhängigen, objektiven Wissenschaft.

Die **hermeneutische Sichtweise** ist als älteste Betrachtungsweise der Medizin um Verständnis, Auslegung, Interpretation und Vermittlung von Sachverhalten bemüht.

Die **dialektische Methode** ist schon seit Sokrates eine Methode, um im Dialog These und Antithese zu diskutieren und dialogisch den Kern eines Sachverhaltes offen zu legen.[5]

Die Bedeutung dieses Gedankens erschließt sich nun, wenn die Frage gestellt wird, ob die physiologische und/oder psychische Reaktion nach Gabe eines Psychopharmakons an einen Patienten sicher(!) vorhersagbar ist und man daraus evtl. eine freiheitsentziehende Maßnahme allein durch die Gabe extrapolieren kann? In der Naturwissenschaft wird ein Beweis auf der Grundlage einer Hypothese angestellt, der dann zur Bestätigung eines naturwissenschaftlichen Sachverhaltes führt. Diese bewiesene These ist dann unter den gegebenen Bedingungen immer mit dem gleichen Resultat wiederholbar. Dieses Vorgehen ist in der Medizin nicht möglich. Durch die Individualität der Subjekte ist **keine** individuelle valide Reaktionsvorhersage möglich. Lediglich aufgrund statistischer Auswertungen und der Annahme von Krankheitsgruppen werden therapeutische Cluster definiert, die aber ständig neu definiert werden müssen und evtl. eine gruppenspezifische prospektive therapeutische Aussagenannahme erlauben. Der individuelle Fall wird dabei immer aus einem naheliegenden, statistisch nachvollziehbaren Gruppeneffekt abgeleitet und entsprechende Handlungsempfehlungen dargestellt. Der ständige Informationszuwachs und die ständige Überarbeitung von beispielsweise Leitlinien aufgrund neuen Wissens zeigt die Volatilität innerhalb der medizinischen Kenntnis sehr genau.

[5]Jürgen Habermas, 2018.

Allein die Diskussion um den Begriff „Krankheit" zeigt, wie diskursiv dieser Begriff verstanden werden können.

> Bei dem Begriff der Krankheit handelt es sich um einen Versuch, Konstellationen von Anzeichen und Symptomen zu korrelieren, um sie zu erklären, vorherzusagen und zu beherrschen. Dieses Unternehmen hat gewisse Tücken, wie etwa die Versuchung, Krankheit zu vergegenständlichen oder als starre, unveränderliche Typen mit spezifischer Ätiologien zu behandeln.[6]

Damit wird verständlich, dass auch der Therapiebegriff genauso diskursiv zu betrachten ist und dass allein aus der Anwendung eines Medikamentes allgemein kein notwendiger Schluss auf die körperliche Reaktion des Patienten zu ziehen ist, sondern allenfalls ein hinreichender.

An einem Beispiel möchte ich beleuchten, dass auch somatische Medikamente durchaus auch unter diesem Blick des Freiheitsentzuges durch Medikamente betrachtet werden können.

> Ein Patient wird aufgrund eines zu hohen Blutdruckes mit einem Gefäßdilatator, entwässernden Medikamenten und Betablockern behandelt. Diese Kombination führt beim älteren Patienten zur Situation, dass der Blutdruck tatsächlich gesenkt wird, vielleicht so sehr, dass der Patient nicht mehr in der Lage ist, ohne Schaden (durch z. B. Schwindel und Sturzgefahr) das Bett zu verlassen. Gleichzeitig wird durch das entwässernde Medikament ein starker Harndrang ausgelöst, den der Patient aber in dieser Situation nicht mehr alleine bewältigen kann.

Ist die, durch diese somatische Therapie ausgelöste Immobilität als freiheitsbeschränkende, vielleicht sogar freiheitsentziehende Maßnahme zu bewerten?

Im somatischen Bereich stellt sich diese Frage viel weniger als im psychiatrischen Bereich, gleichwohl es sich bei allen Medikamentengruppen um Medikamente handelt, die pharmakologisch „funktionieren", nur dass wir der einen Gruppe („Psychopharmaka") per se die Möglichkeit zum Freiheitsentzug quasi implizieren, es bei der anderen Gruppe aber überhaupt nicht bedenken. Gleiches gilt, wie schon gesagt, für viele weitere Arzneimittelgruppen.

Damit zeigt sich, dass auch aus medizinisch/pharmazeutischer Sicht diese Frage sich nicht eindeutig beantworten lässt.

Damit scheitert nach Meinung des Autors die pauschale Aussage an diesem Punkt der Diskussion, dass Psychopharmaka Mittel zum Freiheitsentzug sein können.

---

[6]Thomas Schramme, 2012, S. 55.

6 Medizinethische, juristische und therapeutische Fragestellungen

Der Hintergrund des Abschnittes ist die folgende Überlegung.

Ist die Frage „Sind Psychopharmaka Mittel zum Freiheitsentzug" medizinisch/pharmazeutisch zu beantworten, ist sie juristisch zu beantworten oder ist sie vielleicht moralisch zu beantworten oder tragen alle Bereiche zu ihrer Beantwortung bei?

Ausgehend von dem Standpunkt, dass sich diese Frage, wenn überhaupt, ausschließlich ethisch, also moralphilosophisch beantworten lässt, soll die Frage im Folgenden weiter begründet werden und auch Ausschlüsse aus möglichen anderen Beurteilungen (juristisch, medizinisch/pharmazeutisch) herangezogen werden.

Warum ist diese Frage z. B. nicht medizin-juristisch ausreichend beantwortbar?

Die Antwort scheint deutlich und plausibel. In den vorherigen Kapiteln wurde beleuchtet, warum diese Frage sowohl aus der Definition der Begrifflichkeit „Psychopharmakon" als auch aus der Frage der Autonomie und Selbstbestimmung des Patienten nicht hinreichend beantwortet werden kann. Es handelt sich eben beim Einsatz von Psychopharmaka um verschreibungspflichtige Arzneimittel, welche gemäß Arzneimittelgesetz nur nach Verordnung durch einen niedergelassenen Arzt oder eine klinische Ambulanz durch die Apotheke an den Patienten abgegeben werden dürfen.

> Gemäß Arzneimittelgesetz §48 Abs 1 Satz 1 dürfen
> …Arzneimittel …nur bei Vorlage einer ärztlichen….Verschreibung an Verbraucher abgegeben werden… (AMG 2018)

In diesem Prozess ist die ärztliche Entscheidung innerhalb der Therapiefreiheit das entscheidende Merkmal und wird gemäß der vorhanden, diagnostisch

R. Heide, *Psychopharmaka als Mittel zur Freiheitsbeschränkung,* essentials,
https://doi.org/10.1007/978-3-658-23349-5_6

verifizierten Diagnose durch therapeutische Leitlinien[1] (evidence based medicine), den Stand der aktuellen Wissenschaft[2] und Zulassungen der Medikamente eingegrenzt. Man sollte weiterhin davon ausgehen, dass wahrscheinlich kein Mediziner aus seiner moralischen und fachlichen Verantwortung (hippokratischer Eid) heraus Psychopharmaka mit dem Ziel der **ausschließlichen Freiheitsfixierung** verordnen wird. Dann und nur dann wäre tatsächlich die Grundfrage nach dem Einsatz zu stellen. (s. o.) Das diese Situation vorkommen könnte, steht außer Frage und der Gesetzgeber hat hier dann berechtigt die Frage nach einem begleitenden Beschluss gem. §1906 BGB vorgesehen.

Unter der Annahme, dass diese Medikamente nach besten Wissen und Gewissen für die Behandlung einer psychiatrischen Diagnose eingesetzt werden, bei denen Nebenwirkungen (side effects) u. U. Verhaltensänderungen mit bewegungsreduzierendem Charakter hervorrufen, könnte man im Rahmen der Beurteilung, ob es sich um freiheitsentziehende Maßnahmen handeln könnte, diese theoretisch trotzdem als solche auffassen.

Eine ärztlich begründete und leitliniengerechte Therapie kann natürlich immer kritisch hinterfragt werden, aber im Verlauf ebendieser Therapie hat kein anderer Partner als Mediziner selbst das Recht und die Möglichkeit, fachlich zu bewerten. Ebensowenig wie Richter in ihren Entscheidungen nicht von Nicht-Juristen zwar beurteilt und bewertet, aber nicht beeinflusst werden können. Die Rolle des Pharmazeuten ist hier ebenfalls nur als kooperierender und unterstützender Partner in der Arzneimittellogistik und der unterstützenden Beratung zu sehen.

Die Frage eines Eingreifens in die medikamentöse Therapie im Rahmen eines übergesetzlichen Notfalles wird sich ausschließlich unter dieser Prämisse stellen.

Somit ist die Frage des Einsatzes von Psychopharmaka in erster Linie nur durch die **klinische Diagnose** und **leitliniengerechte Therapie** fixiert, beispielsweise die S3- Leitlinie zur Demenz[3]. Noch mal: Kein juristisches Gremium ist fachlich in der Lage, diese Entscheidung zu bewerten, auch ausgehend von der Tatsache, dass z. B. Richter sich in ihrer Unabhängigkeit in der Rechtsprechung von keinem anderen Gremium beeinflussen lassen. Und beides, die ärztliche Freiheit und die richterliche Freiheit haben ihre Begründungen und ihren Nutzen in der gesetzten Unabhängigkeit im Rahmen der Berufsfreiheit.

---

[1]DGPPN, DGN, 2016.

[2]A, Delius-Stute, H., Rettig, K. Schwalen, S. Kurz, 2003.

[3]DGPPN, DGN, 2016.

Trotzdem steht auch der Mediziner hier immer wieder vor der Frage der sachgerechten Intervention ausgehend auch vom möglichen Willen des Patienten. (siehe. den Fall „Margo“[4,5,6]):

Fall Margo

Die hypothetische Patientin Margo leidet, basierend auf einem echten Fall, an Alzheimer Demenz in fortgeschrittenem Stadium. Sie hat in gesunden Zeiten für diesen Fall verfügt, dass man sie auf keinerlei Weise am Leben erhalten solle. Nun erfüllt eine akute Lungenentzündung, die antibiotisch behandelt werden müsste, eindeutige die Bedingungen eines Anwendungsfalles dieser PV (Patientenverfügung Anm. d. Autor). Doch zugleich wirkt Margo auf ihre Umgebung lebensfroh, ja geradezu glücklich, etwa wenn sie Erdnussbutterbrote esse, Kreise auf Papier malen oder ein Buch in den Händen halten kann, in das sie, ohne je umzublättern, hineinblickt. Sollte die Verfügung als bindend befolgt und die erforderliche Behandlung unterlassen werden? Oder ist Margos aktuelle Lebensfreude als Widerruf zu interpretieren?

Dieses Beispiel zeigt anschaulich die möglichen Diskussionspunkte für eine moralisch tragfähige Entscheidung und zeigt eben auch, dass diese Entscheidung, die hier zu treffen wäre, auch nicht juristisch oder allein medizinisch-therapeutisch zu klären ist, sondern, ebenso wie auch im Beispiel „Medikamente als freiheitsentziehende Mitte“ nur im Rahmen einer moralischen Diskussion. Man kann als Bewertungsmaßstab nach Jaworksi[7] die Differenzierung in wertbezogene Interessen (critical interests), schwach wertbezogene Interessen (capacity of values) und erlebensbezogene Interessen (experiental interests) heranziehen. Dabei ist grundsätzlich zu unterscheiden, dass ein Patient mit wertbezogenen Interessen eben aus seinen eigenen, individuellen Wertvorstellungen Entscheidungen für die Zukunft trifft. Im Gegenzug steht kognitiv eingeschränkten Patienten u. U. nur noch eine Entscheidung nach erlebensbezogenen Interessen (experiental interests) zur Verfügung, die dann in der Bewertung einer Entscheidung von außen natürlich einen anderen Stellenwert einnehmen -sollten.

---

[4]R. Dworkin, 1993.

[5]B. Schöne-Seifert, 2011.

[6]Daniela Ringkamp, 2014.

[7]A. Jaworska, 2005, S.105.

7 Moralische Bewertung

Warum ist in diesem Zusammenhang Moral wichtig? Jürgen Habermas schreibt in seinem Buch „Diskursethik“: „Unter anthropologischen Gesichtspunkten lässt sich nämlich Moral als eine Schutzvorrichtung verstehen, die eine in soziokulturelle Lebensformen strukturell eingebaute Verletzbarkeit kompensiert.“[1] Diese Verletzbarkeit zwingt uns zum moralischen Handeln.

Man kann also die Frage des möglichen medikamentösen Freiheitsentzuges aus einer ethischen/moralphilosophischen Perspektive klären, indem man eine moralische Norm aufstellt, die in dieser Situation einen Handlungsleitfaden geben könnte. Diese Option wird auch in den Texten der Münchner Initiative deutlich:

Zielgerichteter Einsatz oder Nebenwirkung?

- Aufgrund einer Erkrankung des Betroffenen therapeutisch notwendige Medikamente unterliegen nicht der Genehmigungspflicht des § 1906 Abs. 4 BGB, selbst wenn sie im Rahmen einer unerwünschten Nebenwirkung zu einer Sedierung führen (Beispiel: Tavor zur Durchbrechung eines epileptischen Anfalls bei Epileptikern).
- Anders jedoch, wenn gezielt die Nebenwirkung eines therapeutisch eigentlich nicht indizierten Medikaments ausgenutzt wird (Beispiel: gezielte Ausnutzung der sedierende Wirkung alter Antihistaminika).
- teilweise schwierige Abgrenzungsfragen z. B. im Bereich der Versorgung dementer Patienten mit niedrigpotenten Neuroleptika (Münchner Initiative 2018)

[1] Jürgen Habermas, 2018.

R. Heide, *Psychopharmaka als Mittel zur Freiheitsbeschränkung,* essentials,
https://doi.org/10.1007/978-3-658-23349-5_7

Wie diese moralische Bewertung ausfallen könnte, möchte ich im Folgenden darlegen.

Für die moralische Beurteilung von Handlungen ist es nötig, einerseits die moralische Ausgangsbasis für eine Entscheidung festzustellen und andererseits den Handlungsrahmen zu beurteilen, innerhalb dessen eine Entscheidung zu treffen ist.

Die moralische Entscheidung sollte nicht mit der Zielsetzung eines Medikamenteneinsatzes mit oder ohne Freiheitsentzug erfolgen, da diese Zielstellung meiner Meinung nach aus den oben genannten Gründen im Prinzip nicht möglich ist (sh. Kasten).

Die moralische Entscheidung sollte von Vernunft und moralischen Prinzipien im Sinne eben jener Kant'schen „Maxime" geleitet sein, die dann im Ergebnis auch eine moralisch gute Entscheidung zum Ergebnis hat (sh dort)

Betrachtet man die Frage nach dem möglichen Freiheitsentzug durch Psychopharmaka, so muss nicht zuerst überlegt werden, was erreicht werden soll – was ist also das Ziel des medikamentösen Eingriffs. Das wäre eine Orientierung am Ziel, also teleologisch und damit dem Grunde nach **nur** zweckorientiert. Sondern es muss gefragt werden, ob die Handlung moralisch gut ist, ob also die Handlung einer moralischen Maxime **folgt.**

Die Beurteilung, ob in diesem Sinne eine Handlung „gut" ist, kann beispielsweise an den Beschreibungen einer „common morality" erfolgen (nach Beauchamp, Childress[2]):

- **Bewahrung der Würde und Autonomie** (Entscheidung) des älteren Patienten (Respect for autonomy) – also das Autonomie-Prinzip als Wahrung der individuellen Entscheidungs- und Handlungskompetenz der Betroffenen
- **Verminderung von Schmerz und Leid (Nonmaleficence)** oder das Prinzip des Nichtschadens als Gebot der Schadensvermeidung
- Bewahrung oder Steigerung der Lebensqualität im Alter **(Benficence)** oder das **Prinzip des Wohltuns** als fürsorgende Einstellung zur Steigerung des Wohlergehens des Betroffenen
- Gerechtigkeit (Justice) oder das **Gerechtigkeitsprinzip,** welches fordert, dass Personen nicht finanziell oder anderweitig benachteiligt werde

Folgt man diesen Zielvorgaben, stellt sich nun folgend doch die Frage nach dem Mittel, um dieses zu erreichen, davon ausgehend, dass der Patient erkrankt ist und

[2] T.-L. Beauchamp und J.-F. Childress, 2009.

gemäß einer vorliegenden Diagnose Hilfe benötigt. Abhängig davon, was diagnostiziert wurde, kann der Einsatz von psycho-aktiven Medikamenten auch nach Leitlinien-Beschreibung nötig und geboten sein und ist mithin *therapeutisches* Mittel um diesen *therapeutischen und kurativen* Zweck zu erfüllen.

Ich möchte im Folgenden anhand von 2 moralischen Entscheidungswegen aufzeigen, welche moralischen Konsequenzen möglich sind.

So werde ich das Prinzip der Doppelwirkung nach Thomas von Aquin anwenden und nach Kant aus der Metaphysik der Sitten und dem kategorischen Imperativ beurteilen.

I) Tausch von Zweck und Nebeneffekt und Prinzip der Doppelwirkung
Grundlegend kennzeichnet dieses Prinzip die Überlegung, dass eine moralisch gute oder neutrale Handlung auch dann erlaubt ist, wenn es schlechte Folgen als Nebeneffekt, also als lässliche Konsequenz, gibt. Beide Prinzipien bieten die Möglichkeit, Handlungen auf ihre moralische Rechtfertigung zu hinterfragen bzw. moralisch ungerechtfertigte Handlungen auf mögliche Alternativen zu beleuchten. *(Jeremy Bentham „The principles of morals and legislation", 1781, chap VIII, §6; Friedo Fricken „Allgemeine Ethik", 200,3 4. Aufl., Stuttgart; Thomas von Aquin (1265) „Summa theologica II-II, quaestio 64, art 7")*

Für diese Überlegung ist die Frage nach Zweck, Mittel und Nebeneffekt wichtig. In der Definition der Begriffe sind Zweck und Mittel intendiert, gewollt, während der Nebeneffekt, auch wenn er sicher und/oder stärker als der dem Zweck entsprechende Effekt ist, ungewollt, nicht intendiert.

Bei der Behandlung von z. B. unruhigen Patienten mit einer Alzheimer Demenz ist es also zunächst wichtig, zu klären, was Zweck und was Mittel ist. Nehmen wir an, der Zweck sei die (s. o.), gemäß unseren aufgestellten moralischen Prinzipien, Vermeidung von Leiden und die Verbesserung der Lebensqualität. Dann können diese beiden Eigenschaften bei der eben beschriebenen Patientengruppe eingeschränkt sein.

Also wird das als der **Zweck** definiert – die krankhaft bedingte Situation im Sinne des Patienten zu verbessern. Das ist die ärztliches pflichtgemäßes Handeln. Was stehen dafür für Mittel zur Verfügung? Als einzige wirklich evident wirkende Mittel kommen hierfür neben nichtmedikamentösen Maßnahmen, deren Anwendung hier aber nicht weiter diskutiert werden soll, üblicherweise Psychopharmaka, i. d. R. Neuroleptika oder Antidepressiva infrage. Gibt es einen Nebeneffekt? Ja, das könnte, bedingt durch die Nebenwirkungen der Präparate, eine Müdigkeit, Sedierung oder andere beeinflussende und/oder störende Effekte sein. Um es zuzuspitzen könnte ein Patient nach Einnahme dieser Präparate motorisch deutlich reduziert sein, was man auch als Voraussetzung für einen Freiheitsentzug bewerten könnte. Hätte der Arzt, um den selben kurativen Effekt zu erzielen ein Präparat zur Verfügung, dass die beschriebenen Nebeneffekte (Sedierung etc.) nicht zeigen würde, würde bzw. sollte er dieses Präparat wählen. Tauscht man nun Zweck und Nebeneffekt, würde ein Arzt diese Präparate wählen, **um** den Patienten zu sedieren und damit u. U. gleichzeitig eine kurativen Effekt zu erreichen. Im Falle einer Wahl der Möglichkeiten für den kurativen Effekt, würde der Arzt hier zwingend die sedierenden Alternativen wählen, da er ja die Ruhigstellung als Primärziel erreichen will.

Prinzip der Doppelwirkung ist nun, ähnlich wie oben aber nicht Zweck und Nebeneffekt zu tauschen, sondern, Mittel und Nebeneffekt, um zu schauen, ob es dort andere Handlungsalternativen gibt. In unserem Fall hieße das, zu fragen, wie die Anwendung von Psychopharmaka (als Mittel), die eine Sedierung (als Haupt- und/oder Nebeneffekt) hervorrufen können, moralisch zu bewerten ist, im Unterschied zur Möglichkeit, die Sedierung (als Mittel) zu benutzen, um Ruhe auf der Station zu bekommen.

Somit ist die Sedierung im zweiten Fall intendiert, wird benutzt und ist nicht nur hingenommenes, nicht intendiertes Übel. Im ersten Fall ist der Zweck als die valide Therapie geboten – der Nebeneffekt muss in einem **akzeptablen** Verhältnis stehen und **unvermeidlich** sein. Unter diesen beschriebenen Bedingungen ist es also moralisch geboten, den Nebeneffekt (Sedierung) in Kauf zu nehmen; es ist illegitim, den z. B. sedierenden Nebeneffekt als Mittel einsetzen.

II) Handlungsmaximen nach Kant

Vernunft ist für Kant ein leitendes Prinzip bei der Beurteilung von Handlungsmaximen. Dieser Einstellung kann man sich anschließen. Die Vernunft ist der maßgebliche Teil für die Bestimmung unseres Willens, der wiederum als Maximen das Handeln lenken.

Es sei daher an dieser Stelle sowohl der kategorische als auch der praktische Imperativ von Kant[3] zitiert:

> Der kategorische Imperativ ist also nur ein einziger und zwar dieser: handle nur nach derjenigen Maxime, durch die du zugleich wollen kannst, dass sie ein allgemeines Gesetz werde.

Und in der Zuspitzung der Formulierung:

> … handle so, als ob die Maxime deiner Handlung durch deinen Willen zum allgemeinen **Naturgesetz** werden sollte.

---

[3]Immanuel Kant, 2017, S. 65.

Daraus leitet Kant später den praktischen Imperativ ab.

Einleitend sagt Kant: *„Nun sage ich: der Mensch und überhaupt jedes* ***vernünftige*** (Hervorhebung des.Autors) *Wesen existiert als Zweck an sich selbst, nicht bloß als Mittel zum beliebigen Gebrauch für dies oder jenen Willen, sondern muss in allen seinen sowohl auf sich selbst, als auch auf andere vernünftige Wesen gerichteten Handlungen jederzeit zugleich als Zweck betrachtet werden"*

und weiter:

> Der praktische Imperativ wird also folgender sein: Handle so, daß du die Menschheit sowohl in Deiner Person, als in der Person eines andern jederzeit zugleich als Zweck, niemals bloß als Mittel brauchst.

> Genauer besteht eine Maxime in einer Handlungsregel, der man bei einem konkreten Akt folgt, und legt damit den allgemeinen Handlungstyp fest, unter den eine einzelne Handlung fällt und aus dem sich ein moralischer Wert ergibt:... (Hübner 2018)[4]

Beurteilen wir nun unsere moralischen Entscheidungsmöglichkeiten in der Frage, ob Psychopharmaka Mittel zum Freiheitsentzug sind. Ausgehend von dem Gedanken, dass der Arzt dem Patienten kurativ und therapeutisch behandeln möchte, so ist für die Erstellung der Maxime, nach dem sich sein (des Arztes) Handeln richten soll, die pflichtgemäße Handlung nur Gutes zu tun nötig. Es geht nur und ausschließlich darum, durch(!) die Handlung des Heilenden die Lebensumstände des Patienten zu verbessern – es ist seine Pflicht.

Aber es gibt Grenzen, z. B. wenn die Nebenwirkungen in der moralischen Bewertung bezüglich der Situation des Patienten amoralisch werden könnten, also die Persönlichkeit des Patienten über ein moralisch gebotenes Maß hinaus beeinträchtigen würden.

Es sollte keine Rolle spielen unter Maßgabe des Vorgesagten, ob die eingesetzten Präparate die gewünschte Wirkung zeigen oder auch Nebenwirkungen (z. B. sedierende) zugunsten oder auch zu Lasten des behandelten Patienten zeigen können. Einzig die vernünftige Idee der Behandlung aus Pflicht-Bewusstsein mit dem Ziel, dem Patienten in einer medizinisch indizierten Situation helfen zu wollen, ist hierbei entscheidend und wird zur Handlungsmaxime – mit dem oben beschriebenen moralisch gebotenen Grenzen der Behandlung. Die Idee der „Therapie um jeden Preis" ist moralisch ebenso verwerflich und kann keine Maxime

[4]Dietmar Hübner, 2018.

sein oder werden, ignoriert sie doch allgemein gültige moralische Prinzipien ebenso, wie die Unterlassung einer vielleicht erforderlichen Therapie.

Die Anwendung von Psychopharmaka zur vorsätzlichen Sedierung stellt eine illegitime und damit unmoralische Handlung dar, die nicht vernunftgeleitet ist, sondern triebgeleitet. D. h. diese Handlung bringt den Behandelnden in eine Schuldsituation gegenüber dem Behandelten. Die Folge wird damit immer eine belastete, unangemessene und unvollständige Behandlungssituation sein, wenn man hier überhaupt noch das Wort „Behandlung" benutzen kann und nicht besser nur von „Handlung" sprechen müsste.

Es zeigt sich also auch hier, dass die maßgebliche Entscheidung ausschließlich der behandelnde Arzt treffen kann, denn nur er ist gemeinsam mit dem Patienten der Akteur. Natürlich ist die kooperative Abstimmung der Therapie des Arztes ein herausragendes Ziel, ist der Arzt in der Regel nicht derjenige, der die Patienten ständig und intensiv beobachten kann. Nur das betreuende Pflegepersonal ist dazu in der Lage und also ist der Arzt zwingend gehalten, um eine effiziente Therapie zu erzielen, in seine Entscheidungen auch die Informationen der Pflegenden einfließen zu lassen. Betreuer können die Rolle des Patienten durchaus einnehmen, wenn es um kognitiv beeinträchtigte Patienten (proxy consent) geht. Aber Pflege und Gericht etc. sind hier nicht direkt eingebunden – in diesen moralischen Entscheidungsprozess.

Vielleicht stellt die Möglichkeit der Einrichtung interdisziplinärer Ethik-Komitees auch in Pflegeeinrichtungen eine zukünftige Möglichkeit dar, ethische Fragen unter den Bedingungen von ambulanter und stationärer Pflege zu diskutieren und damit zu verbessern.

Und um mit Kant abzuschließen: „Tugend ist die Stärke der Maxime des Menschen in Befolgung seiner Pflicht".[5]

---

[5]Immanuel Kant, 1990

8 Fazit – Vertrauen in der Medizin und der Diskurs als Lösungskonzept

Die Frage „Sind Psychopharmaka ein Mittel zum Freiheitsentzug" stellt einen Ausdruck der Vertrauenskrise der Medizin[1] dar. D. h. diese Frage wird nur gestellt, weil eben aufgrund der zunehmend fragmentierten und verwissenschaftlichten Medizin, die von den Teilnehmern am therapeutischen Prozesses oft nicht mehr verstanden und von den Mediziner oft auch nicht mehr ausreichend erklärt werden kann, die Begründung für eine Therapie zunehmend mehr im Vertrauen zu der angewandten Therapie und dem ausführenden Arzt liegt. Dieses Vertrauen ist aber eben durch die heutige Situation in der praktischen Medizin erschüttert. Kurze Visitenzeiten, Zeitstress, etc. führen dazu, dass sich die Patienten und Betreuer sowie Familie nicht mehr in den Prozess einer Behandlung einbezogen fühlen. Damit erwächst aus dieser Erschütterung des Vertrauens in die medizinische Behandlung und die Kompetenz des Arztes die Angst und Sorge vor Fehlern. Diese Sorge drückt sich dann in solchen Fragen wie dem Einsatz von Psychopharmaka im Kontext freiheitsentziehender Maßnahmen aus. Die Frage lässt sich nicht abschließend beantworten, aber anhand der vorherigen Diskussion, hoffe ich zeigen zu können, dass nur ein ethisch diskursiver Weg Lösungen aufzeigen kann. Bei der juristischen Diskussion fehlt den Juristen qua Ausbildung der medizinische Blickwinkel und damit das therapeutische Geschehen in all seiner Vielgestaltigkeit und Komplexizität. Ebenso ist es bei den Medizinern das Fehlen des juristischen Blickwinkel.

Vielleicht ist ein Weg im Rahmen eines Diskurses eine Möglichkeit, mit allen Beteiligten eine handlungs-moralische Beurteilung über eine Therapie und die

[1] Krause, Franziska 2010, S. 100.

R. Heide, *Psychopharmaka als Mittel zur Freiheitsbeschränkung*, essentials,
https://doi.org/10.1007/978-3-658-23349-5_8

Lebensumstände der Betroffenen zu erreichen, ohne dabei den Handlungsgrundsätzen einer kompetent gedachten und ausgeführten Medizin entgegenzulaufen. In solch begrenztem Diskurs-Rahmen lässt sich dann vielleicht keine ausschließlich handlungs-moralisch optimale aber zumindest eine handlungs-moralisch optimierte Vorgehensweise erzielen.

Wie anders ist diese Frage sonst zu lösen?

Neben dem Diskurs ist sicherlich noch ein wichtiger Punkt folgender: Die sowohl gesetzlichen als auch sozial-moralischen Rahmendaten.

Ausgehend von Kant formuliert Hanna Ahrendt in ihren Vorlesungen[2]: *„Diese Sätze sind entscheidend. Was Kant sagte, ist – in Abwandlung der Aristotelischen Formel*[3]*-, dass ein böser Mann in einem guten Staat ein guter Bürger sein kann.“* Und später *„Der schlechte Mensch ist für Kant derjenige, der eine Ausnahme für sich macht, und nicht der das Böse will, denn das ist, laut Kant, unmöglich. So besteht das „Volk von Teufeln“ hier nicht aus Teufeln im gewöhnlichen Sinne, sondern aus Wesen, die „in Geheim“ sich auszunehmen geneigt sind“*.

Die Beurteilung kann also nur unter dem Blickwinkel der sich ständig neu zu justierenden sozialen und politischen Parameter im Kant'schen Sinne erfolgen um im moralisch, sozialen und politischen optimalen Umfeld die moralisch beste individuelle Therapie zu generieren.

Somit können wir zusammenfassen, dass nur im Diskurs, nur in der ständigen Dikussion über moralische und gesellschaftliche Werte und im Sinne der „common morality“ es uns gelingen kann, immer neu auftretende, fachliche Fragen in ihrer moralischen Bewertung z. B. wie hier beschrieben im bioethisch-medizinischen Umfeld human und gerecht und vor allem eben gut moralisch begründet zu beantworten.

---

[2]Hannah Ahrendt, 2015.

[3]Aristotelische Formel: „Daß ein guter Mann nur in einem guten Staat ein guter Bürger sein kann.“

Was Sie aus diesem *essential* mitnehmen können

- neue ethische Überlegungen in der Diskussion beim Umgang mit verletzlichen Patienten
- die Besonderheit der Therapie mit Psychopharmaka beim vulnerablen geriatrischen Patienten
- Diskussion zu freiheitsentziehenden Maßnahmen
- Ethische Betrachtung der Persönlichkeitsrechte
- Notwendigkeit des reflektierten Handelns
- Notwendigkeit des interdisziplinären Kommunizierens und Handeln
- Wert der individuellen Würde des Menschen

R. Heide, *Psychopharmaka als Mittel zur Freiheitsbeschränkung,* essentials,
https://doi.org/10.1007/978-3-658-23349-5

Literatur

Ahrendt, Hannah. 2015. *Das Urteilen*. München: Piper.

Beauchamp, T.-L., und J.-F. Childress. 2009. *Principles of biomedical ethics*. Oxford: Oxford University Press.

Becker, C., und T. Klie. 2004. *Reduktion von körpernaher Fixierung bei demenzkranken Heimbewohnern*. Abschlussbericht zum Modellvorhaben, Bd. 32. Stuttgart: RobertBoschGesellschaft für med. Forschung mbH (RBMF).

Benkert, O., und H. Hippius. 2017. *Kompendium der psychiatrische Pharmakotherapie*. Berlin: Springer.

Childress, J.-F., und T.-L. Beauchamp. 2009. *Principles of biomedical ethics*. Oxford: Jones and Bartlett.

DGPPN, DGN. 2016. *S3-Leitlinie Demenz*. Köln: DGPPN, DGN (2016 Januar).

Dworkin, R. 1993. *Life's dominion. An argument about abortion, euthanasia, and individual freedom*. New York: Random.

Fichte, G. 2000. *Die Bestimmung des Menschen*. Hamburg: Felix Meiner.

Di Fabio, Udo. 2017. *Grundgesetz*. München: Beck texte im dtv Verlag.

Habermas, Jürgen. 2018. *Diskursethik*, Bd. 3. Frankfurt a. M.: Suhrkamp.

Heide, Rainer. 1996. Prediction of hypotensive and tachycardic adverse effects of some neuroleptic drugs. *Neurolgy, Psychiatry and Brain research* 4: 135–138

Heide, Rainer. 2017. *Was ist wahr, was ist falsch? Das Dilemma des Demenz Patienten in der Wahrnehmung der Aussenstehenden*. Berlin: Grin.

Heide, Tillmann. 2018. *Warum private Sprache unmöglich ist*. Berlin: FU Berlin.

Hübner, Dietmar. 2018. *Einführung in die philosophische Ethik. utb*. Göttingen: Vandenhoek & Ruprecht.

Hummel, J., C. Weisbrod, L. Bösch et al. 2012. Komorbidität von Depression und Demenz bei geriatrischen Patienten mit akuter körperlicher Erkrankung. *Zeitschrift für Gerontologie und Geriatrie* 45 (Januar): 34.

Hundertmark, Greta. 2013. *Prävalenz und Diagnosebezug von Psychopharmaka bei Patienten in Einrichtungen der stationären Altenpflege*. Hamburg: Universitätsklinikum Hamburg-Eppendorf.

Inthron, Julia, Hrsg. 2010. *Richtlinien, Ethikstandards und kritisches Korrektiv*. Göttingen: Edition Ruprecht.

R. Heide, *Psychopharmaka als Mittel zur Freiheitsbeschränkung*, essentials,
https://doi.org/10.1007/978-3-658-23349-5

Jaworska, A. 2005. Respecting the margins of agency: Alzheimer's patients and the capacity to value. *Philosophy Public Affairs*. 28:105 (NewYork: Wiley).

Jena, Stadt. 2012. www.pflegeinitiative-jena.de. https://www.pflegeinitiative-jena.de. Zugegriffen: 5. Mai 2018.

Köhler, Helmut. 2018. *BGB*. München: Beck Texte im dtv Verlag.

Kant, Immanuel. 1990. *Die Metaphysik der Sitten*. Stuttgart: Philipp Reclam jun.

Kant, Immanuel. 2017. Grundlegung zur Metaphysik der Sitten. Stuttgart: Reclams Universal-Bibliothek.

Kellner, Angelika. 2017. Rechtsgrundlagen im Verfahren zur Genehmigung freiheitsentziehender Maßnahmen gem. §1906 BGB. https://www.pflegeinitiative-jena.de/fm/2150/4%20Frau%Kellner%20aktuell.pdf. Zugegriffen: 26. Apr. 2018.

Kaelin, Lukas. 2014. Adornos Begriff der Autonomie und die Medizin. In *Autonomie und Macht*, Hrsg. R. Anselm, J. Inthorn et al., 22–24. Göttingen: Edition Ruprecht.

Kunzmann, Peter. 2011. *dtv-Atlas Philosphie*. München: dtv.

Kurz, A., H. Delius-Stute, K. Rettig, S. Schwalen. 2003. *Therapie demenzassooziierter Verhaltensstörungen mit Risperidon bei ambulanten gerontopsychiatrischen Patienten*. München: MMW.

Luhmann, Niklas. 1989. *Vertrauen-Ein Mechanismus der Reduktion sozialer Komplexizität*. Stuttgart: Enke.

Meyer-Kühling, Wendelstein, Andrejeva Wetzel, et al. 2015. *Psychopharmaka im Pflegeheim. Poster. Universität Heidelberg*. Heidelberg: Universität Heidelberg.

Molter-Bock, Elisabeth. 2004. *Psychopharmakologische Behandlungspraxis in Münchener Altenpflegeheimen*. München: Ludwig-Maximilians-Universität (22-Juli).

Münchener Initiative. 2016. *Psychopharmaka in Alten- und Pflegeheimen/Sedierende Medikamente – Muss das sein?* München: Landeshaupstadt München Sozialreferat (14.10.2016).

Mutschler, Ernst. 2001. *Mutschler Arzneimittelwirkungen*, 8. Aufl. Stuttgart: Wissenschaftlicher Verlagsgesellschaft.

Neil, O. 2002. Autonomy and trust in bioethics. Cambridge University Press: Onora O'Neill.

Pantel, Johannes. 2016. Allgemeinarzt-Online. 06-Oktober. https://www.allgemeinarzt-online.de/notwendiges-uebel-oder-strafbarer-freiheitsentzung-1790300. Zugegriffen: 18. Apr. 2018.

Pantel, Weber, Ebsen Bockenheimer-Lucius, et al. 2005. *Psychopharmaka im Altenheim. Klinik für Psychiatrie*. Frankfurt a. M.: Johann-Wolfgang-Goethe Universität. (Klinik für Psychiatrie Frankfurt a. M.).

Pieringer, W., und F. Ebner. 2000. *Zur Philosophie der Medizin*. Wien: Springer.

Ringkamp, Daniela. 2014. *Demenz und Personalität. Kongressvortrag. Deutsche Gesellschaft für Philosophie*. Münster: MIAMI.

Schöne-Seifert, B. 2011. Prinzipien und Theorien in der Medizinethik. In *Grundkurs Ethik 2*, Hrsg. J.S. Ach, K. Bayertz, und L. Slep. Paderborn: Mentis.

Schröder-Bäck, Peter. 2014. *Ethische Prinzipien für die Public-Health-Praxis*. Frankfurt: Campus.

Schramme, Thomas, Hrsg. 2012. *Krankheitstheorien*. Berlin: Suhrkamp.

Thun, Schulz von. 1998. *Miteinander Reden*. Reinbek: Rowohlt.

Werdenfelser Weg GbR. 2007. Werdenfelser Weg – Das Original. www.werdenfelser-weg-original.de. http://www.werdenfelser-weg-original.de. Zugegriffen: 5. Mai 2018.

Wittgenstein, Ludwig. 2017. *Philosophische Untersuchungen*. Frankfurt a. M.: Suhrkamp.